AF573583

PROFILOMÈTRE ANALYTIQUE

DE TRANSFORMATION

RÈGLE POUR LA TRANSFORMATION DES GRADES

EN DEGRÉS, ET RÉCIPROQUEMENT

TRACÉ RAPIDE

DES COURBES SUR LE TERRAIN, AU TACHÉOMÈTRE

DÉTERMINATION DES AIRES

PAR PESÉES

4489. — ABBEVILLE, TYP. ET STÉR. A. RETAUX. — 1887.

PROFILOMÈTRE ANALYTIQUE

DE TRANSFORMATION

RÈGLE POUR LA TRANSFORMATION DES GRADES

EN DEGRÉS, ET RÉCIPROQUEMENT

TRACÉ RAPIDE

DES COURBES SUR LE TERRAIN, AU TACHÉOMÈTRE

DÉTERMINATION DES AIRES

PAR PESÉES

PAR

H. BONNAMI

INGÉNIEUR-DIRECTEUR DES USINES DE PONT-DE-PANY ET MALAIN
CONDUCTEUR DES PONTS ET CHAUSSÉES
MEMBRE DE LA SOCIÉTÉ DES INGÉNIEURS CIVILS DE FRANCE ET DE LA SOCIÉTÉ D'ENCOURAGEMENT
POUR L'INDUSTRIE NATIONALE
COLLABORATEUR AUX « ANNALES DES TRAVAUX PUBLICS »

IMPRIMERIE DES « ANNALES DES TRAVAUX PUBLICS »
A. RETAUX, A ABBEVILLE (SOMME)

1887

PRÉFACE

Parmi tous les instruments imaginés pour opérer le lever et le rapport rapide des terrains (Tachymétrographe, Tachéomètre Wagner-Fennel (1), etc.) le Tachéomètre Porro tient toujours la tête, à notre avis du moins, si on envisage le lever au double point de vue de la rapidité et de l'exactitude.

Après avoir publié notre *Manuel de l'opérateur* au *Tachéomètre* (2), nous avons cherché à simplifier les opérations qui restent à faire pour fixer d'une façon rationnelle la ligne sur le plan coté d'abord, sur le terrain ensuite.

C'est ainsi que nous avons été amené :

1° Au Profilomètre analytique de transformation, au moyen duquel le calcul des profils en travers peut s'opérer avec une rapidité extrême et une approximation équivalente à celle fournie par le calcul direct :

2° A la règle de transformation des grades en degrés et réciproquement, pour permettre l'emploi des tables de courbes avec le Tachéomètre :

3° Au tracé rapide des courbes sur le terrain (voir la note du *Manuel*) :

4° A la mesure rapide des aires à contours irréguliers : elle sert notamment dans le calcul des voûtes et l'évaluation par tranches de la capacité des réservoirs.

Entièrement absorbé par nos études sur les produits hydrauliques, c'est par les soins de notre ami J. Dubuisson, d'Auxerre,

(1) *Annales des travaux publics*, n° 92.

(2) Librairie Gauthier-Villars, Paris.

que ces différentes notes ont été résumées et insérées dans les *Annales des Travaux publics* (nous lui en témoignons ici notre vive reconnaissance), d'où nous les extrayons aujourd'hui.

H. BONNAMI,
à Pont-de-Pany (Côte-d'Or)

1er juin 1887.

PROFILOMÈTRE ANALYTIQUE

DE TRANSFORMATION

La profilométrie est une science qui a eu son heure d'importance, lors de l'apparition du projet Freycinet et du développement donné au dernier réseau de chemins de fer entrepris à grande voie par l'État. A cette époque, tandis que les Ponts et Chaussées adoptaient officiellement la méthode et les tableaux graphiques de Lalanne, l'ingénieur Siégler découvrait, de son côté, le profilomètre destiné à remplacer avec avantage les graphiques précédents et toutes les tables de surfaces calculées péniblement jusqu'alors par les Coriolis, les Lefort et autres, et cette découverte suscitait également des recherches parallèles parmi lesquelles la plus récente paraissait être le procédé Switkowski.

Si le sujet semble avoir perdu aujourd'hui de son intérêt immédiat, cela tient d'abord à la notoriété acquise par le profilomètre Siégler d'une part, et, d'autre part, au ralentissement momentané apporté dans la question des études générales ; mais comme l'emploi des méthodes profilométriques peut se représenter d'un jour à l'autre, il peut aussi être utile de revenir encore une fois sur les dernières recherches faites dans cette direction.

Les Annales ont donné en 1880 (nos 5 et suivants) la théorie complète du profilomètre Siégler et en août 1884 celle du graphique Switkowski ; en outre dans l'intervalle elles ont considéré, en septembre et octobre 1883, le profilomètre Siégler dans son application à la transformation des profils.

En effet ce profilomètre permet de transformer un demi-profil quelconque en un autre dépendant de conditions rationnellement posées, et de plus, cette opération peut s'appliquer aux profils entiers ; il répond donc au double résultat, ou de déterminer directement la surface d'un demi-profil donné, ou de substituer à ce demi-profil un équivalent dont la surface serait inscrite en des tables calculées séparément.

Le problème de l'évaluation des surfaces s'est en effet présenté, à certains esprits, sous ce point de vue qui offrait en perspective l'utilisation de calculs existants.

A la vérité c'était prendre un chemin détourné, puisque les profilomètres Siégler et Switkowski conduisent à l'évaluation directe, mais d'un autre côté cela pouvait constituer à la rigueur

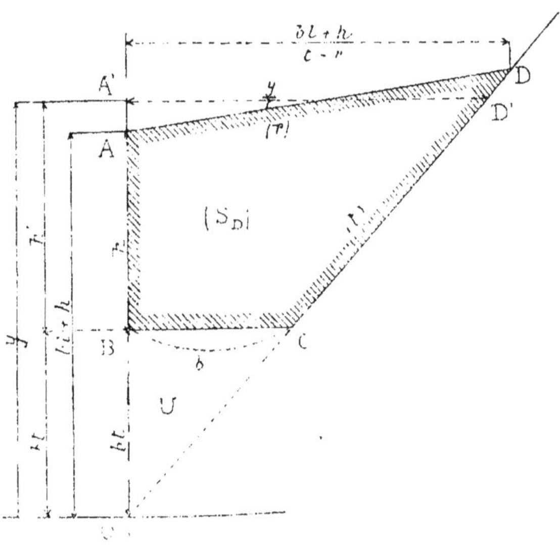

Fig. 1.

un mode transitoire entre la méthode nouvelle et celle des tables anciennement usitées.

C'est dans ce but que le profilomètre Bonnami a été établi; il repose donc sur ce principe : transformer un demi-profil, où le terrain présente une déclivité quelconque, en un demi-profil équivalent où le terrain est horizontal.

C'est ainsi un profilomètre de transformation proprement dit et menant à utiliser les tables de surfaces, calculées d'après la cote sur l'axe et en circulation dans beaucoup de services.

De même que le graphique Switkowski, ce profilomètre date de 1883 ; il est probablement aussi l'un des derniers essais faits en la matière : nous en donnerons un aperçu afin de compléter les études que *les Annales* ont développées sur cette question et l'exposé de tous les procédés directs ou indirects mis en avant pour la résoudre.

Le sujet sera de la sorte élucidé sous toutes ses faces, dans le présent, sans préjudice des améliorations que l'avenir pourrait lui apporter.

Considérons (*fig.* 1) un demi-profil ABCD de surface S_0 dont la plate-forme est b et la cote sur l'axe h, la rampe du terrain étant r et la pente du talus t.

Ces notations sont celles déjà adoptées dans les articles des *Annales ;* si on prolonge CD jusqu'en O, le triangle BOC est constant, tant que b et t ne varient pas et sa surface $U = \frac{b^2 t}{2}$.

Si on trace la ligne A'D' telle que les quadrilatères ABCD et A'BCD' soient équivalents, en appelant Σ la surface AOD qui équivaut à A'OD' on a $\Sigma = S_0 + U$.

La surface A'OD' est $\frac{y}{2} \times \frac{y}{t}$ ou $\frac{y^2}{2t}$.

La surface AOD est $\frac{(bt+h)}{2} \times \frac{(bt+h)}{t-r}$; mais ces deux surfaces sont égales, donc :

$$\frac{y^2}{2t} = \frac{(bt+h)^2}{2(t-r)} ; \text{d'où } \frac{y^2}{t} = \frac{(bt+h)^2}{t-r} \text{ et } y^2 = (bt+h)^2 \times \frac{1}{1-\frac{r}{t}}$$

et par suite :

$$y = (bt+h) \times \sqrt{\frac{1}{1-\frac{r}{t}}}.$$

Si on donne à r une certaine valeur, le coefficient $\sqrt{\frac{1}{1-\frac{r}{t}}}$ est déterminé et la relation qui donne la valeur de y ne renferme plus dans le deuxième membre que la variable h et représente alors une ligne droite.

$$\text{Faisons } \sqrt{\frac{1}{1-\frac{r}{t}}} = a$$

$$y = bta + ah.$$

En supposant $h = 0$, l'ordonnée à l'origine est bta ; le point de rencontre de la droite avec l'axe des X est $-bt$; on a ainsi la droite AB (*fig.* 2) qui, pour toute valeur O'Q prise pour h, donne $PQ = y$.

Connaissant $y = bt + h'$ il sera facile de trouver h' (ou la hauteur du demi-profil à terrain horizontal, équivalent au demi-profil donné) en menant O″X″ parallèle à O′X et à une distance bt : on lira directement $PR = h'$.

Ce graphique rudimentaire peut donc servir pour une valeur donnée de r, b et t restant des constantes et h venant seule à varier.

Si on suppose en outre $r = 0$, alors $\sqrt{\dfrac{1}{1-\dfrac{r}{t}}}$ devient égal à 1 ; l'équation devient $y = bt + h$ et l'ordonnée et l'abscisse à

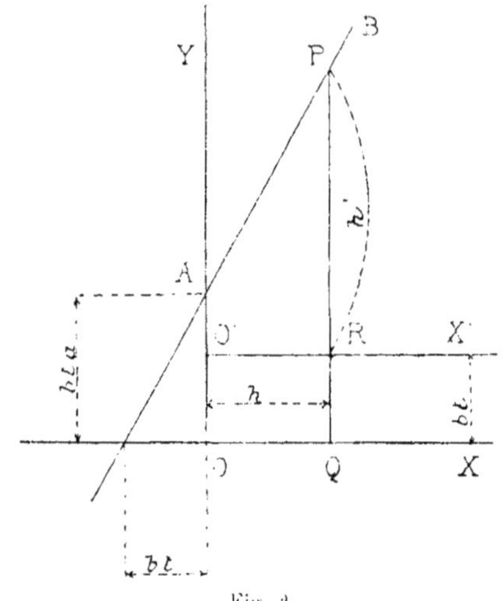

Fig. 2.

l'origine étant toutes deux égales à bt en valeur absolue, la droite AB est alors inclinée à 45 degrés sur les axes et le point A se confond avec le point O″.

Si au lieu d'une rampe r on considérait une pente p, la valeur de y deviendrait :

$$y = (bt + h)\sqrt{\frac{1}{1+\dfrac{p}{t}}}$$

de sorte que l'équation générale qui donne y est

$$y = (bt + h)\sqrt{\frac{1}{1\mp\dfrac{d}{t}}}$$

en appelant d la déclivité du terrain, prise sous le radical avec le signe —, s'il s'agit d'une rampe, et avec le signe +, s'il s'agit d'une pente.

Pour $d = 0$, le lieu de y est toujours une droite inclinée à 45 degrés sur les axes.

Si maintenant on affecte à d des valeurs croissant, à partir de zéro, d'un intervalle Δ que, pour simplifier, nous supposerons connu et égal à 0.02, ces valeurs 0.02, 0.04, 0.06, etc., représenteront tantôt des rampes, tantôt des pentes, selon que sous le radical on leur donnera le signe — ou le signe +.

Dans le premier cas, le coefficient $\sqrt{\dfrac{1}{1-\dfrac{r}{t}}}$ sera plus grand que l'unité, car $1-\dfrac{r}{t}$ sera plus petit que 1, tant que $\dfrac{r}{t}$ sera une fraction, par conséquent tant que l'on aura $r < t$: si $r = t$, le coefficient devient infini ; en effet le terrain étant parallèle au talus, le demi-profil est lui-même illimité. Lors donc que le coefficient aura une valeur comprise entre 1 et $+\infty$, la droite, représentée par la relation entre y et h, fera avec la partie positive de l'axe des x un angle plus grand que 45 degrés.

Dans le deuxième cas, le coefficient $\sqrt{\dfrac{1}{1+\dfrac{p}{t}}}$ sera plus petit que l'unité et d'autant plus petit que p sera grand ; la droite représentant $y = f(h)$, fera avec la partie positive de l'axe des x un angle plus petit que 45 degrés.

Si p augmentait indéfiniment, la quantité placée sous le radical deviendrait égale à zéro et la valeur de y également, car il n'y aurait plus de demi-profil, si la pente venait à se confondre avec l'axe des y, à force de s'en rapprocher.

Pour tracer les droites correspondant aux variations de d, on remarquera que le facteur $\sqrt{\dfrac{1}{1\pm\dfrac{d}{t}}}$ est le coefficient angulaire variable, de chacune de ces droites ; soit a sa valeur. Toutes les droites représentées par l'équation générale :

$$y = bta + ah$$

viennent couper l'axe des x en un point dont l'abscisse est $-bt$ et l'on peut supposer l'origine des axes transportée en ce point (*fig.* 3) : pour $d = 0$, $a = 1$: la droite résultante qui est inclinée à 45 degrés sur les axes primitifs, passe également par ce point O et est la bissectrice de l'angle YOX ; ses coordonnées par rapport à l'origine O' sont égales à bt.

Si on prend à partir de O une longueur L sur l'axe des x et si à partir de cet axe des x on porte, sur la verticale passant par l'extrémité de L, les différentes valeurs de l'expression La, on obtiendra deux échelles, l'une au-dessus de AB, l'autre au-des-

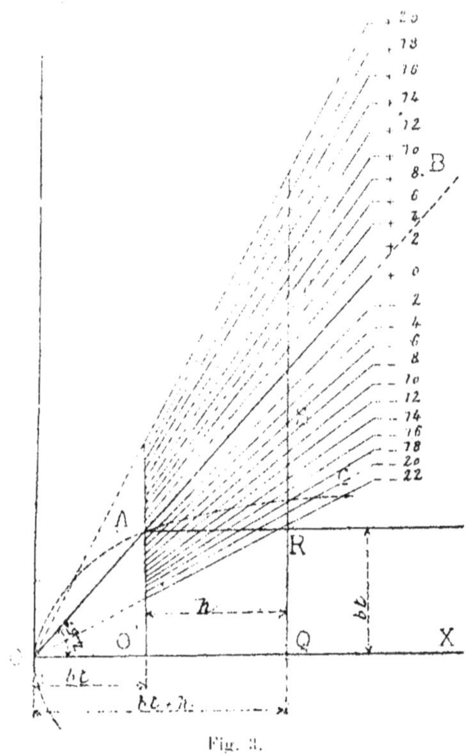

Fig. 3.

sous : l'échelle supérieure correspondra aux rampes et l'échelle inférieure correspondra aux pentes.

Si sur un pareil graphique on compte les h à partir du point O', une longueur OQ quelconque représentera $(bt + h)$ et pour une pente de 0.06, y sera QS et, pour une rampe de 0.08, y sera QT.

Les valeurs de h' seraient RS dans le premier cas et RT dans le second.

Comme les droites qui composent ce graphique sont assez rapprochées et que la lecture de h' peut fatiguer la vue, rien n'empêche de prendre l'échelle des y double de celle des x (*fig.* 4): alors les droites correspondant aux déclivités multiples de 0.04, sur le graphique (*fig.* 3), correspondront dans le nouveau aux

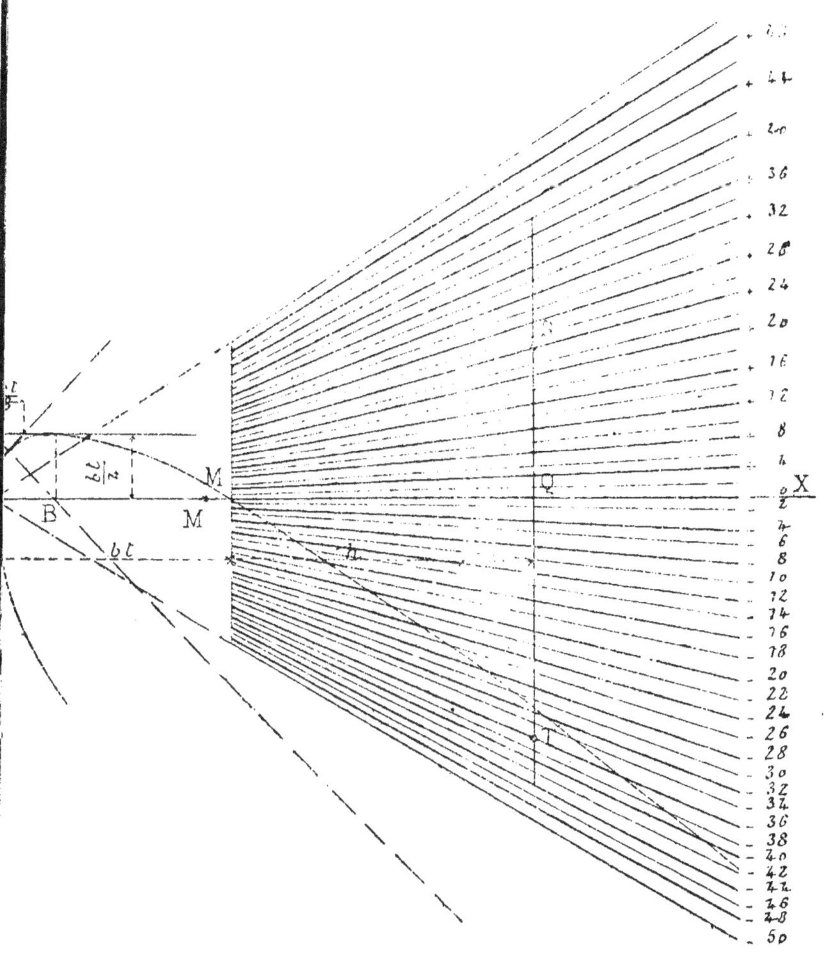

Fig. 4.

déclivités multiples de 0.02 telles que 0.02, 0.04, 0.06, etc., et les droites correspondant aux déclivités multiples de 0.02 sur cet ancien graphique, correspondront dans l'autre aux déclivités multiples de 0.01, c'est-à-dire à la série des déclivités impaires, 0.01, 0.03, 0.05, etc.

Au lieu de déterminer y ou h', ce qui revient au même, on peut déterminer la quantité $\delta = h' - h$, quantité positive, nulle ou négative suivant que $h' >$, ou $=$, ou $< h$.

La relation générale $y = (bt + h) \times \sqrt{\dfrac{1}{1 \mp \dfrac{d}{t}}}$ devient, en observant que $y = bt + h' = bt + h + \delta$:

$$(bt + h) + \delta = (bt + h) \times \sqrt{\frac{1}{1 \mp \frac{d}{t}}}$$

d'où

$$\delta = (bt + h) \times \left(\sqrt{\frac{1}{1 \mp \frac{d}{t}}} - 1 \right)$$

Si dans cette équation, on suppose $d = 0$, le radical se réduit à l'unité et la parenthèse à zéro ; or cette parenthèse représente le coefficient angulaire de la droite exprimant la relation $\delta = f(h)$.

Le coefficient angulaire étant nul, alors $\delta = 0$; c'est l'équation de l'axe des x.

Si d diffère de zéro, δ aura également une valeur réelle et positive ou négative, positive suivant que $\sqrt{\dfrac{1}{1 \mp \dfrac{d}{t}}}$ sera plus grand que l'unité, ce qui aura lieu si d est une rampe : négative si $\sqrt{\dfrac{1}{1 \mp \dfrac{d}{t}}}$ est plus petit que l'unité, ce qui aura lieu si d est une pente ; les droites représentant $\delta = f(h)$ seront donc, dans le cas des rampes, situées au-dessus de l'axe des x et dans le cas des pentes elles seront situées au-dessous : elles passent d'ailleurs toutes par le point O (*fig.* 4) que l'on peut prendre pour origine des axes. Si à partir de cette origine on porte une longueur L' et si sur la verticale passant par l'extrémité de L' on porte aussi à partir de l'axe des x les différentes valeurs $L' \times \left(\sqrt{\dfrac{1}{1 \mp \dfrac{d}{t}}} - 1 \right)$ on obtiendra deux échelles en sens inverse : celle située au-dessus de l'axe correspondra aux rampes et celle située au-dessous correspondra aux pentes ; l'origine des h pourra être comptée à partir du point M distant du point O de la quantité bt; avec ce graphique pour une hauteur $h = MQ$, on trouvera $z = QS$ pour une rampe de 0,24 et $z = QT$ pour une pente de 0,36.

Quand z est négatif, le premier membre de l'équation $z = h' - h$ doit changer de signe et donne $-z = h' - h$ ou $z = h - h'$; en effet quand z est négatif, il correspond à un terrain en pente où nécessairement on a $h > h'$.

Les deux graphiques (*fig.* 3 et 4) doivent indiquer d'eux-mêmes lorsqu'ils sont en défaut, c'est-à-dire, lorsque le demi-profil considéré, au lieu d'être complet, est mixte ou réduit à un triangle unique.

Un demi-profil en déblai sur l'axe ne peut être mixte ou réduit à un triangle que dans le cas d'un terrain en pente.

Entre la pente p et la hauteur h, à partir de laquelle le demi-profil se réduit à un triangle, existe la relation $h = bp$ (*fig.* 5);

d'où
$$p = \frac{h}{b} \quad \text{et} \quad \frac{p}{t} = \frac{h}{bt}$$

Nous avons vu que dans le graphique (*fig.* 3),

$$y = (bt + h)\sqrt{\frac{1}{1 + \frac{p}{t}}}$$

En substituant à $\frac{p}{t}$ la valeur maximum ci-dessus, il vient :

$$y = (bt + h)\sqrt{\frac{1}{1 + \frac{h}{bt}}}$$

$$= (bt + h)\sqrt{\frac{bt}{bt + h}}$$

$$= \sqrt{bt(bt + h)}$$

et en élevant au carré : $y^2 = bt(bt + h)$: cette relation représente le lieu des h répondant à la valeur $p = \frac{h}{b}$: c'est-à-dire, au cas où le demi-profil est un triangle unique, la pente du terrain passant par l'extrémité de la plate-forme du déblai (b).

Les abscisses $(bt + h)$ étant comptées sur le graphique (*fig.* 3), à partir de O, si on remplace $(bt + h)$ par x, la relation ci-dessus devient $y^2 = btx$, équation d'une parabole rapportée aux axes OY et OX, tangente en son sommet à l'axe OY et ayant son foyer sur OX; le paramètre $2p = bt$; la courbe passe par le point A; en effet les coordonnées du point A sont égales à bt, mais pour

$x = bt$, $y^2 = b^2t^2$ et $y = bt$ dans la parabole, donc le point A ayant mêmes coordonnées est sur la courbe ; à ce point A commence la branche indicatrice « utile ».

Si on suppose que p ne dépasse pas 0.50, valeur qui représente déjà un terrain très incliné, $h = 0,50\, b$ au maximum et

$$x = bt + 0,50\, b,\ y = \sqrt{bt\,(bt + 0,50\, b)} = b\sqrt{t^2 + 0,5\, t}\,;$$

on détermine par là le point extrême de la branche utile et on peut calculer un ou plusieurs points intermédiaires correspondant à $p = 0.10$, 0.20, 0.30, etc. ; on peut aussi se contenter de

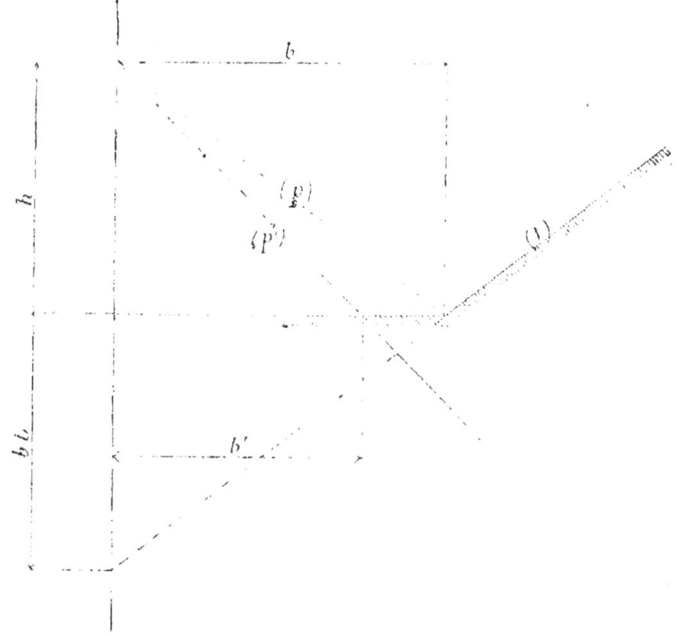

Fig. 5.

prendre $p = 0.25$ et de joindre au point qui en résulte le point A et le point extrême précédemment arrêté.

Mais au lieu de passer au bout de la plate-forme b la pente pourrait (*fig.* 5) passer entre ce point et l'extrémité d'une plate-forme b', plus petite que b et représentant celle usitée en remblai. Le demi-profil ne cesserait pas d'être un triangle et il ne peut devenir mixte que si la pente recoupe b' entre son extrémité et l'axe.

Le graphique (*fig.* 3) se prêterait tout aussi bien à représenter la relation :

$$y = (b't + h)\sqrt{\frac{1}{1 - \frac{d}{t}}}$$

Sans rien changer aux échelles de pentes et de rampes : comme $b't < bt$, le point A se rapprocherait de O, le point Q' également et, pour une même hauteur h, h' diminuerait.

Si sur le graphique ainsi transformé on trace la parabole $y^2 = b't\,(b't + h)$ et si on lit h' sur cette courbe, on obtient le triangle unique limité à l'extrémité de b' ; si on lit h' au-dessous de la courbe, le demi-profil est mixte nécessairement.

Si la valeur de h' se lit sur le graphique primitif et sur la première parabole, on a le triangle unique limité à l'extrémité de b : si on lit h' au-dessus de cette parabole, on a un demi-profil complet avec talus en déblai.

Si on lit h' sur le graphique primitif, au-dessous de sa courbe et, sur le graphique transformé, au-dessus de la sienne, on a alors par cette double circonstance un triangle unique se limitant entre les extrémités de b et de b'.

Ainsi avec l'emploi des deux graphiques ou d'un seul contenant les deux paraboles, on lèverait toujours l'indécision.

Cette complication ne se présente pas dans les demi-profils en remblai, parce que la plate-forme y a une valeur unique b'.

Le graphique des remblais serait d'ailleurs le même que le graphique (*fig.* 3), sauf que bt se changerait en $b't'$ et que l'échelle des pentes deviendrait celle des rampes et réciproquement.

Considérons maintenant le graphique (*fig.* 4) : dans le cas d'un terrain en pente :

$$\delta = (bt + h)\left(\sqrt{\frac{1}{1 + \frac{p}{t}}} - 1\right)$$

comme précédemment $\frac{p}{t} = \frac{h}{bt}$

et

$$\delta = (bt + h)\left(\sqrt{\frac{bt}{bt + h}} - 1\right) = \sqrt{bt\,(bt + h)} - (bt + h)$$

posons $(bt + h) = x$, il vient $\delta = \sqrt{bt\,x} - x$.

Ce sera là, comme dans la circonstance analogue déjà examinée, le lieu de tous les δ correspondant à $p = \frac{h}{b}$, pour une valeur donnée de h.

Pour $x = o$, $z = o$: la courbe passe donc par l'origine des axes du graphique (*fig.* 4).

Pour $x = bt$, $z\ \sqrt{b^2t^2} - bt = o$; la courbe recoupe donc l'axe des h au point M : entre les valeurs $x = o$ et $x = bt$, z passe par un maximum : pour le trouver, observons que la dérivée de

$$\left(\sqrt{btx} - x\right) \text{ est } \frac{1}{2}\sqrt{bt}\,x^{-\frac{1}{2}} - 1 \quad \text{ou} \quad \frac{\sqrt{bt}}{2\sqrt{x}} - 1 \text{ ou enfin}$$

$$\sqrt{\frac{bt}{4x}} - 1.$$

En égalant cette dérivée à zéro, il vient $\sqrt{\frac{bt}{4x}} = 1$, d'où $bt = 4x$ et $x = \frac{bt}{4}$; alors $z = \sqrt{bt \times \frac{bt}{4}} - \frac{bt}{4} = \frac{bt}{4}$; la courbe est donc tangente à l'horizontale menée à la distance $\frac{bt}{4}$ de l'axe des h et le point de contact est lui-même sur cette parallèle, à la distance $\frac{bt}{4}$ de l'axe des y.

En faisant $x > bt$, on a $\sqrt{btx} < x$ et par suite z devient négatif à partir du point M : à ce point commence la branche utile de la courbe : on la détermine en faisant comme précédemment, $h = 0.25\ b$ et $h = 0.50\ b$ (au maximum).

La courbe en question est une parabole du deuxième degré. En effet l'équation $y = \sqrt{btx} - x$, en raison du double signe à placer devant le radical donne pour y deux valeurs, l'une $\sqrt{btx} - x$ et l'autre $- \sqrt{btx} - x$: la première de ces valeurs cesse d'être positive au delà de $x = bt$; la deuxième est toujours négative.

Si on élève l'équation au carré, il vient :

$$(y + x)^2 = btx \quad \text{ou} \quad y^2 = 2xy + x^2 = btx.$$

Cette équation étant du deuxième degré représente une des quatre courbes de ce même degré : elle ne représente pas un cercle, puisqu'elle renferme le rectangle des variables : elle n'a pas de points situés à gauche de l'axe des y, car si x est négatif, $\sqrt{btx}$ est imaginaire, donc la courbe est tout entière à droite de l'axe des y : elle n'est pas fermée, car si x augmente, les deux valeurs de y restent négatives, mais augmentent toujours en valeur absolue ; la courbe n'est donc ni un cercle, ni une ellipse, ni une hyperbole (puisqu'elle n'a qu'une branche), c'est donc une parabole.

En outre les tangentes issues du point N sont égales ; il en est de même des normales se rencontrant au point B, les points A et B sont donc sur l'axe focal de la parabole, axe qui passe par le sommet.

L'équation de l'axe focal, ligne dont deux points A' et B sont connus, est de la forme :

$$y - y' = \frac{y' - y''}{x' - x''}(x - x').$$

Mais les coordonnées y' et x' du point A' sont $y' = \frac{1}{4}bt$, $x' = 0$, et celles y'' et x'' du point B sont 0 et $\frac{1}{4}bt$; l'axe focal a donc pour équation :

$$y - \frac{1}{4}bt = \frac{\frac{1}{4}bt}{-\frac{1}{4}bt}x \quad \text{ou} \quad y = -x + \frac{1}{4}bt.$$

Si on cherche l'intersection de cette ligne avec la parabole ($y = \sqrt{bt\,x} - x$), on trouve $x = \frac{1}{16}bt$ et $y = \frac{3}{16}bt$: ce sont là les coordonnées du sommet de la courbe.

L'axe focal est à quarante-cinq degrés sur les axes de la figure 4 ; la tangente au sommet de la courbe étant perpendiculaire à l'axe focal, soit m son coefficient angulaire, celui de l'axe focal étant -1, on aura $1 - m \times 1 = 0$, d'où $m = 1$, la tangente en question (deuxième axe de la parabole, par rapport à l'axe focal) sera donc à quarante-cinq degrés sur les axes de la figure 4.

En transportant l'origine des axes au sommet de la parabole dont les coordonnées sont $\frac{1}{16}bt$ et $\frac{3}{16}bt$, puis en passant des axes rectangulaires ainsi transportés, à un deuxième système d'axes rectangulaires, inclinés à quarante-cinq degrés sur les premiers, on arriverait à déterminer l'équation de la parabole sous la forme $y^2 = Kx$; mais ces études spéculatives n'ont pas d'intérêt immédiat, puisqu'il suffit de calculer au delà du point M et par la formule $y = \sqrt{btx} - x$, deux points, pour déterminer suffisamment la branche indicatrice « utile ».

On peut, à propos de l'usage de cette branche, faire des réflexions semblables à celles développées au sujet du graphique (*fig.* 3). Si δ est lu au-dessus de la branche indicatrice, on a un demi-profil avec talus en déblai ; si δ est lu sur la branche même, on a le triangle unique finissant à l'extrémité de b.

Mais avec une plate-forme $b' < b$, le graphique (*fig.* 4) peut servir, sauf que M se rapprochera de *o* et, avec la relation ($y = \sqrt{b'tx} - x$), on aurait une deuxième parabole intérieure à la première et passant par M'.

Si δ est lu entre les paraboles, en rapportant *h* tantôt à M et tantôt à M', le demi-profil est toujours un triangle unique ; si δ (dans la deuxième opération) se lit sur la deuxième parabole, il y a un triangle unique passant à l'extrémité de *b'*, et si δ se lit au-dessous de la courbe, dans cette même opération, il y a demi-profil mixte nécessairement.

On observera que l'on s'est contenté dans les graphiques, à partir de A (*fig.* 3) et de M (*fig.* 4) de tracer les branches indicatrices avec deux points ; cette solution n'a pas d'influence pratique sur l'exactitude du dessin.

En effet dans les deux cas, le rayon de courbure « minimum » des branches utiles correspond à la valeur $x = bt$.

La formule donnant le rayon de courbure est :

$$\rho = -\frac{(1 + y'^2)^{\frac{3}{2}}}{y''}$$

Dans le premier cas,

$$y = \sqrt{bt\,x} \text{ et } y' = \sqrt{bt} \times \frac{x^{-\frac{1}{2}}}{2} = \sqrt{\frac{bt}{4x}} ;$$

$$y'' = \sqrt{bt} \times \left(-\frac{1}{4}x^{-\frac{3}{2}}\right) = -\frac{1}{4}\sqrt{\frac{bt}{x^3}} ;$$

$$1 + y'^2 = 1 + \frac{bt}{4x} \quad \text{et} \quad (1 + y'^2)^{\frac{3}{2}} = \sqrt{\left(1 + \frac{bt}{4x}\right)^3}$$

d'où

$$\rho = -\frac{\sqrt{\left(1 + \frac{bt}{4x}\right)^3}}{-\frac{1}{4}\sqrt{\frac{bt}{x^3}}} = 4\sqrt{\frac{\left(1 + \frac{bt}{4x}\right)^3}{\frac{bt}{x^3}}} = 4\sqrt{\left(1 + \frac{bt}{4x}\right)^3 \frac{x^3}{bt}}$$

Au point A (*fig.* 3), $x = bt$ et

$$\rho = 4\sqrt{\left(1 + \frac{1}{4}\right)^3 b^2t^2} = 4bt\sqrt{1.25^3} = 4 \times 1.25 \times bt\sqrt{1.25}$$

$$= 5bt\sqrt{1.25} = 5.59\,bt.$$

Dans le deuxième cas,

$$y = \sqrt{bt\,x} - x ; \; y' = \sqrt{\frac{bt}{4x}} - 1.$$

$$y'' = -\frac{1}{4}\sqrt{\frac{bt}{x^3}} ; \quad 1 + y'^2 = 1 + \left(\sqrt{\frac{bt}{4x}} - 1\right)^2 ;$$

$$\left(1+y'^2\right)^{\frac{2}{3}}=\sqrt{\left[1+\left(\frac{bt}{4x}-1\right)^2\right]^3}$$

d'où

$$\rho=\frac{\sqrt{\left[1+\left(\sqrt{\frac{bt}{4x}}-1\right)^2\right]^3}}{-\frac{1}{4}\sqrt{\frac{bt}{x^3}}}$$

$$=4\sqrt{\frac{\left[1+\left(\sqrt{\frac{bt}{4x}}-1\right)^2\right]^3 x^3}{bt}}$$

et pour $x=bt$

$$\rho=4\sqrt{\left[1+\left(\sqrt{\frac{1}{4}}-1\right)^2\right]^3 b^2t^2}=4\,bt\sqrt{\left[1+\left(\sqrt{\frac{1}{4}}-1\right)^2\right]^3}$$

mais

$$\sqrt{\frac{1}{4}}=\frac{1}{2},\ \frac{1}{2}-1=-\frac{1}{2}\quad\text{et}\quad\left(-\frac{1}{2}\right)^2=\frac{1}{4}$$

d'où

$$\rho=4bt\sqrt{\left(1+\frac{1}{4}\right)^3}=4bt\sqrt{(1.25)^3}=4bt\times 1.25\sqrt{1.25}=5.59\ bt$$

comme précédemment.

Ce rayon de courbure est déjà assez grand aux points A et M pour que l'arc soit très aplati, par conséquent qu'il n'y ait pas de différence sensible, à l'échelle du graphique, entre l'arc et la corde, ou autrement dit : entre les ordonnées de la courbe et celle des deux cordes qu'on lui substitue en faisant successivement dans les deux cas $h=0.25\ b$ et $0.50\ b$ et $x=bt+0.25\ b$ et $bt+0.50\ b$.

Les graphiques ainsi examinés permettent donc de trouver la hauteur h' d'un demi profil, à terrain horizontal, équivalent en superficie au demi-profil, à terrain incliné, de hauteur h sur l'axe.

Connaissant h' il s'agit de déterminer S ; pour cela on peut se servir des tables calculées à cet effet, ou bien en calculer soi-même, en se servant de la théorie des différences.

En effet dans le cas d'un terrain horizontal, une surface en déblai ou en remblai, S est donnée par la relation :

$$S=h'\left(b+\frac{h'}{2t}\right)=bh'+\frac{h'^2}{2t}$$

relation du deuxième degré dans laquelle, si h' croît d'une façon constante, les différences premières seront en progression arithmétique et les différences secondes seront constantes, de leur côté.

Pour trois valeurs de S, calculées d'après la formule en prenant trois valeurs consécutives de h' différant entre elles de la constante $\varepsilon/2$, on aura deux différences premières et par suite la différence seconde et il sera facile de trouver, par de simples additions, la suite des valeurs de S.

On peut encore faire usage des formules générales donnant les

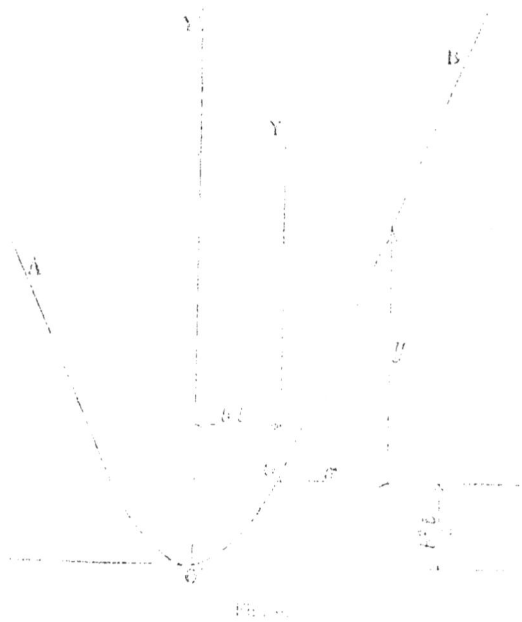

Fig.

différences première et seconde Δ_1 et Δ_2 ou encore se servir de celle donnant la valeur d'un S quelconque en fonction de ces différences. (Toutes méthodes développées largement dans le fascicule n° 6 des *Regains scientifiques.*)

On peut enfin recourir à des graphiques représentant la fonction $S = bh' + \frac{h'^2}{2l}$, fonction parabolique de la forme $y = bx + \frac{x^2}{2l}$ et que l'on peut amener, par un changement d'axes parallèles aux premiers, à la forme classique $y = \frac{x^2}{2l}$.

En effet déplaçons les axes parallèlement des quantités α et β : on a $x = x' + \alpha$ et $y = y' + \beta$ et l'équation devient :

$$y' + \beta = b(x' + \alpha) + \frac{(x' + \alpha)^2}{2t}$$

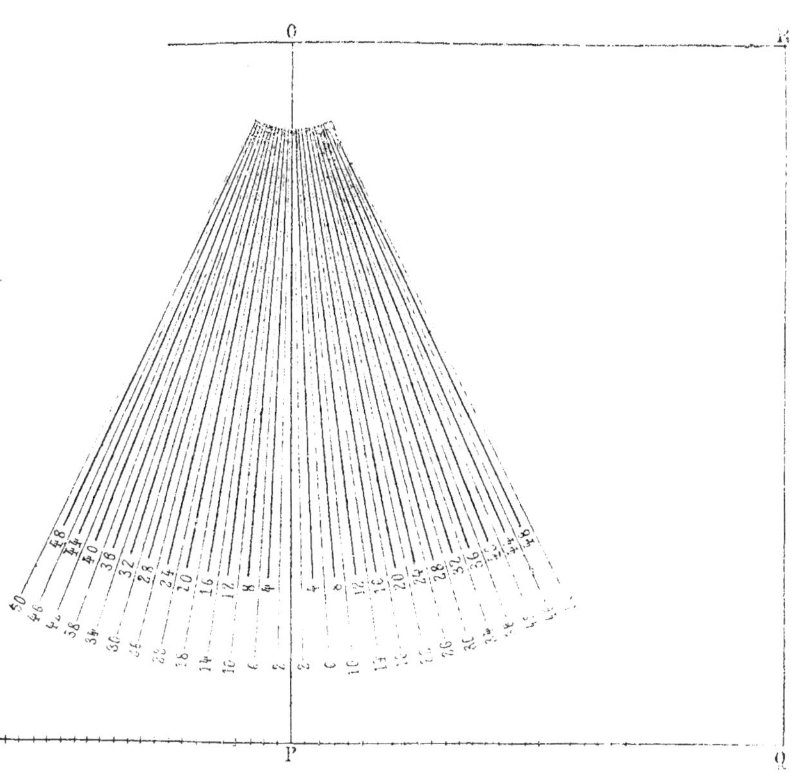

Fig. 7.

en multipliant par $2t$, puis développant et groupant en colonnes verticales, on a :

$$\left.\begin{array}{r} 2ty' + 2t\beta \\ -\ 2bt\alpha \\ -\ \alpha^2 \end{array}\right| \left.\begin{array}{r} -\ 2bt\,x' \\ -\ 2\,\alpha \end{array}\right| - x'^2 = 0$$

Pour que x' disparaisse, il faut avoir $-2bt - 2\alpha = 0$, d'où $\alpha = -bt$; pour que les termes indépendants des variables disparaissent, il faut avoir $+2t\beta - 2bt\alpha - \alpha^2 = 0$
ou $+2t\beta - 2bt(-bt) - (-bt)^2 = 0$

$$\text{ou } 2tz + 2b^2t^2 - b^2t^2 = 0$$

$$\text{ou } 2tz + b^2t^2 = 0, \quad \text{d'où} \quad z = -\frac{b^2t}{2}.$$

L'équation se réduit à $x'^2 = 2ty'$ et donne la parabole AO'B (*fig.* 6) passant par le point O : la branche OB est seule utile. Pour $x = h'$, y représente bien la valeur de S ; en effet :

$$(bt + x)^2 = 2t\left(\frac{b^2t}{2} + y\right)$$

ou

$$b^2t^2 + 2btx + x^2 = b^2t^2 + 2ty$$

ou

$$2btx + x^2 = 2ty$$

et

$$y = bx + \frac{x^2}{2t}$$

$$S = bh' + \frac{h'^2}{2t}$$

formule de la surface.

H. Bonnami a étudié, dans d'autres conditions et avec détails, le tracé des courbes paraboliques représentant les surfaces en fonction des hauteurs sur l'axe, mais nous n'insisterons ni sur ces épures, ni sur leur construction. Nous indiquerons pour terminer, un graphique de transformation permettant de remplacer un demi-profil à terrain accidenté par un demi-profil équivalent où le terrain ne présente qu'une déclivité unique.

Il suffit d'établir, sur toile le graphique (*fig.* 7) dont la construction se comprend aisément.

Si on a ensuite un demi-profil à terrain accidenté, A*abc*D (*fig.* 8), on détermine l'inclinaison de la ligne compensatrice AK, en appliquant le centre O du graphique sur le point A et en faisant passer (à l'œil) OR par la direction AK, puis on lit la pente de A P sur xy : elle est la même que celle de AK sur l'horizontale.

Ce procédé présenté par H. Bonnami permet ensuite l'application des profilomètres de toute sorte au demi-profil ABCK, remplaçant par cette première opération le demi-profil donné A *a b c* D C B.

En résumé le profilomètre Bonnami s'applique uniquement aux demi-profils complets ; il indique en outre si un demi-profil se réduit à un triangle unique ou s'il devient mixte, mais il ne donne pas le moyen de calculer les demi-profils mixtes ; il n'a donc pas la généralité de la méthode Siégler.

Le profilomètre Siégler, au contraire, est d'une construction tout à fait élémentaire ; il donne directement les surfaces, il s'applique aux demi-profils de même nature comme aux demi-profils mixtes, il dispense des tables calculées ou des épures paraboliques ; il remplace donc avec avantage les tableaux de

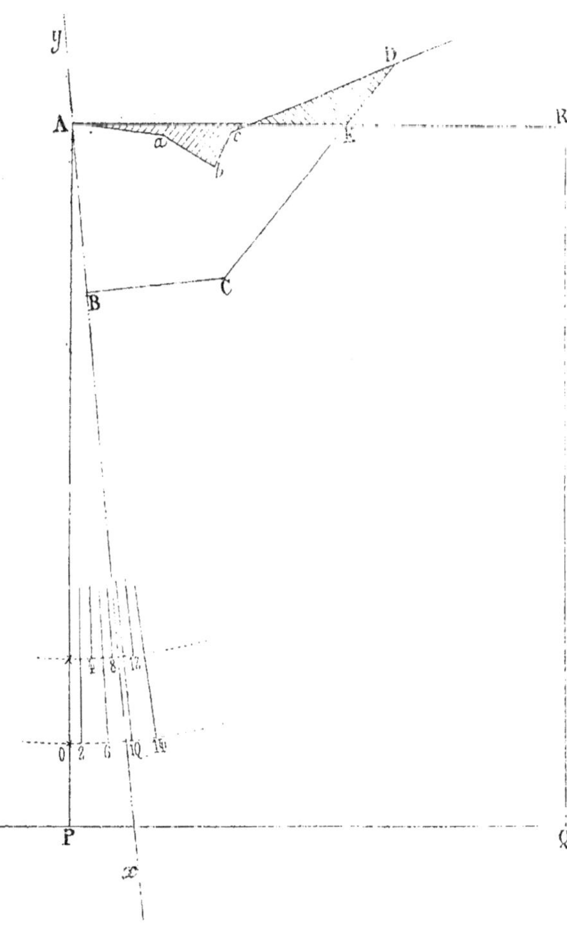

Fig. 8.

Lalanne, le graphique Swithowski et reste, en somme, jusqu'à ce jour le procédé le plus simple et le plus complet.

Nous avons cru devoir néanmoins dire quelques mots du profilomètre de transformation dû à H. Bonnami, parce qu'il le moigne de l'esprit d'analyse qui a présidé à sa recherche et, de plus, parce qu'il dénonce combien la question a été creusée sous toutes ses faces.

On a remarqué la grande prédilection qu'éprouve l'ingénieur Dubuisson pour le profilomètre Siégler, aujourd'hui de beaucoup dépassé par la Règle de M. Le Brun (Raymond). — Comptes rendus des travaux de la Société des Ingénieurs civils.

Le profilomètre Siégler dont la construction et l'emploi sont, en effet, très simples et très commodes lorsqu'il s'agit de petites hauteurs sur l'axe, devient très encombrant et d'une approximation insuffisante lorsqu'il s'agit de grands remblais ou de grandes tranchées.

Les tables calculées dont parle M. Dubuisson ont été notamment établies pour des profils de route, et ne sont d'aucune utilité pour les profils types des chemins de fer ou des canaux, etc...

Mais rien n'est plus simple, ainsi qu'on l'a vu, de calculer, pour un profil donné, les surfaces en terrain horizontal, pour des hauteurs sur l'axe compris entre 0 et 15 mètres et variant de 0m02 en 0m02; de consigner les résultats pour chaque type dans un tableau *d'une page*. Ces tableaux, qui peuvent être remis à toutes les sections d'un même service, seront déjà d'une grande utilité en matière d'avant-projet.

Les graphiques permettent de calculer les profils inclinés, en revenant au tableau, avec une approximation égale à celle fournie par les calculs directs, quelle que soit la hauteur sur l'axe, et ce avec une extrême rapidité et des chances d'erreurs devenues pour ainsi dire négligeables.

C'est là ce qui constitue la supériorité du profilomètre de transformation!

Un agent ayant sous les yeux le profil à calculer et le graphique transformateur, opère le changement de hauteur sur l'axe et l'énonce; un second agent cherche dans le tableau la surface correspondante à la hauteur transformée et énoncée, puis inscrit cette surface, à sa place, au cahier de cubature.

RÈGLE

POUR LA TRANSFORMATION DES GRADES EN DEGRÉS

ET RÉCIPROQUEMENT

Au moment où se présente comme question à l'ordre du jour la substitution du système centésimal au système sexagésimal, pour la division de la circonférence, nous croyons opportun de donner aux lecteurs des *Annales* la primeur d'une règle de conversion imaginée par l'ingénieur H. Bonnami, bien connu par ses études relatives à la tachéométrie, et auquel nous cédons la place pour l'exposé clair et succinct de sa nouvelle invention :

« Possédant une règle identique à la règle à calcul ordinaire,

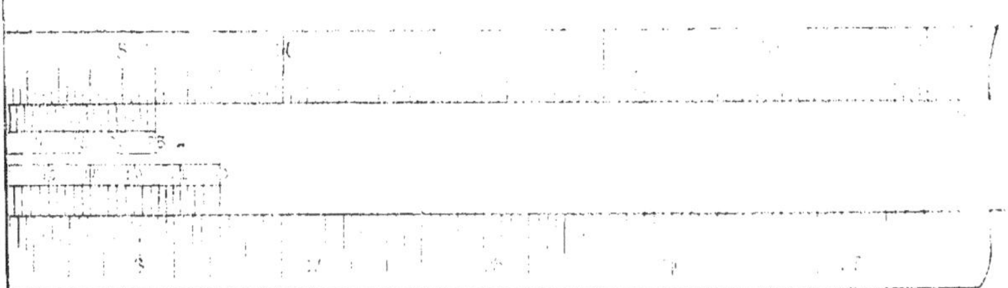

Fig. 1.

mais non gravée, et de 0m,40 de longueur, on prend sur la partie supérieure, à partir de la gauche, une longueur de 0m,36 que l'on divise d'abord en 100 parties égales ; chaque division ainsi obtenue a 0m,0036 de longueur, et représente un grade ; elle est ensuite subdivisée en 4 parties égales, de sorte que les nouvelles petites divisions représentent chacune 1/4 de grade ou 0g25. La longueur de chacune de ces subdivisions est constante et égale à $\frac{0^m,0036}{4}$ ou à 0mm,9 (neuf dixièmes de millimètre), et par conséquent rien n'est plus simple, avec les machines à diviser actuelles, que d'exécuter cette division (*fig.* 1).

« Sur la partie inférieure, à partir de la même origine, on porte également une longueur de $0^m,36$, que l'on divise en 90 parties égales. Chaque division obtenue a $0^m,004$ de longueur et représente un degré : on subdivise ensuite en 4 parties égales et les nouvelles petites divisions ont toutes la longueur constante de $\frac{0^m,004}{4}$ ou 1 millimètre, et représentent 1/4 de degré ou 15′.

« Les extrémités de la réglette mobile coïncident exactement avec les extrémités de la règle ; on grave à la gauche de cette réglette : 1° à la partie supérieure un vernier au $\frac{1}{25}$ (25 divisions du vernier équivalant en longueur 24 divisions de la règle) afférent à l'échelle supérieure de la règle ou échelle des grades ; 2° à la partie inférieure un vernier au $\frac{1}{30}$ (30 divisions du vernier équivalant en longueur 29 divisions de la règle) afférent à l'échelle inférieure de la règle ou échelle des degrés.

« Ces deux verniers ont rigoureusement leur origine sur la ligne « zéro » des échelles.

« Au moyen de l'échelle des grades et du vernier supérieur on peut estimer un nombre de grades et fractions de grades à $\frac{0^g25}{25}$ ou 0^g01 et à 0^g005 par la considération de deux divisions consécutives.

« Au moyen de l'échelle des degrés et du vernier inférieur, on peut estimer un nombre de degrés et fractions de degrés à $\frac{15}{30}$ ou 30″ et à 15″ par la considération de deux divisions consécutives.

« Par suite, par un simple mouvement de la coulisse, on exprimera l'angle en grades à transformer, à $\frac{1}{2}$ centième près, et par une simple lecture on trouvera les degrés, minutes et secondes qui expriment cet angle et à 15″ près ; et réciproquement, en exprimant un angle en degrés et fractions de degré à 15″ près on trouvera l'angle correspondant en grades et fractions de grade à $\frac{1}{200}$ de grade près.

« Cette règle est donc fort simple, elle n'est qu'une application du vernier, système d'une théorie mathématique et d'une pratique journalière.

Nous ajouterons que la longueur ($0^m,40$) la rend maniable et portative, qu'elle peut servir pour la conversion de tout arc renfermant un nombre quelconque de quadrants, nombre fractionnaire, parce que, pour chaque quadrant complet, 100ᵍ et 90° étant équivalents, la conversion ne peut porter que sur une fraction de quadrant comprise entre 0ᵍ et 100ᵍ et entre 0° et 90° ; par suite, la règle suffit pleinement pour cette conversion complémentaire et partielle.

En doublant les divisions de la règle on arriverait à une approximation double, mais l'approximation actuelle suffira généralement, parce qu'elle se rapproche assez de celle donnée par les instruments qui servent au levé des angles.

TRACÉ RAPIDE

DES COURBES SUR LE TERRAIN, AU TACHÉOMÈTRE

Les *Annales des Ponts et Chaussées* donnent, dans le numéro de février, année 1885, une notice sur « le tracé des raccordements circulaires dans les opérations sur le terrain », par Démétrius Ghédéon, ingénieur et architecte à Constantinople, notice datée du mois de septembre 1884.

Le procédé Ghédéon repose, en somme, sur ceci :

Si l'on prend un point S sur une courbe (*fig.* 1), si l'on mène

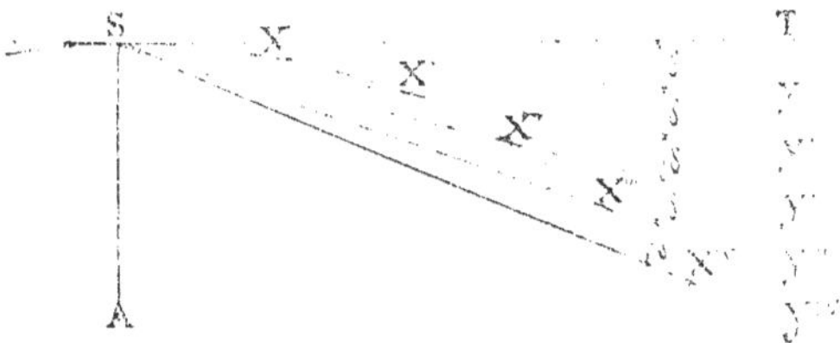

Fig. 1.

la tangente ST normale au rayon SA, si, en outre, l'on choisit sur la courbe des divisions égales Sx, xx', $x'x''$, $x''x'''$, $x'''x^{iv}$.... les angles, TSy, ySy', $y'Sy''$, $y''Sy'''$, $y'''Sy^{iv}$.... sont égaux entre eux comme angles inscrits mesurés par des arcs égaux : si on les appelle δ, les angles complémentaires ySA, $y'SA$, $y''SA$, $y'''SA$, $y^{iv}SA$.... ou ω, ω', ω'', ω''', ω^{iv}.... varient entre eux de la quantité δ et prennent la suite des valeurs ci-après :

$$\omega = 90^\circ - \delta,\ \omega' = 90^\circ - 2\delta,\ \omega'' = 90^\circ - 3\delta,\ \omega''' = 90^\circ - 4\delta,$$
$$\omega^{iv} = 90^\circ - 5\delta....$$

Connaissant les angles ω, ω', ω'', ω''', ω^{iv}.... l'opérateur place

3

son instrument en S et ouvre successivement ces angles, tandis que son aide, muni d'un jalon et d'une « ficelle » égale à la longueur de la corde adoptée (Sx dans la fig. 1), détermine et marque les différents points de la courbe.

Cette citation est textuelle et pour cause.

Or, que l'on ouvre les angles ω, ω', ω'', etc., sur le rayon SA ou les angles δ, 2δ, 3δ, etc., sur la tangente ST, ce qui serait plus simple, c'est toujours le même procédé, lequel n'a ici qu'un inconvénient, celui d'être identiquement le procédé inséré, en 1849, dans les *Annales des Chemins vicinaux*, tome V, page 167, par Bagel-Combes, agent voyer en chef du département de Tarn-et-Garonne.

En outre, dans le fascicule n° 2 des *Regains scientifiques* (1re édition en 1874, 2e en 1877, 3e au commencement de 1884), et dans le fascicule n° 5 du même ouvrage (1re édition en 1877 et 2e en 1881), notre collaborateur J. Dubuisson a développé le tracé des arcs circulaires par cette même méthode, dite « méthode des angles inscrits », tourné et retourné la question sous toutes ses faces, dans tous les cas particuliers, refait son historique, exhumé le cyclographe de Bagel-Combes, et complété enfin le travail par des tables comprenant les angles des courbes d'un rayon R, variant de 200 à 3,000 mètres, courbes ordinairement affectées par les axes des voies ferrées (1).

La découverte de Ghédéon Démétrius arrive donc sur la scène de trente-cinq années en retard sur la première antériorité précitée, que l'on peut constater aux *Annales des Chemins vicinaux*; son auteur a, par suite, tous les droits à se considérer comme un inventeur « parallèle » et les *Annales des Ponts et Chaussées* peuvent être fixées également sur la primeur de leur exhibition.

Comme cet auteur ne paraît pas se servir d'instruments très précis, il a suivi, en outre, une variante qui lui a paru plus commode, consistant à donner à δ une valeur exacte en degrés et à en déduire la valeur correspondante Sx; enfin, ayant à décrire des courbes de très petit rayon, car ses opérations se passaient sur des routes, il trace aussi les arcs par coordonnées polaires, avec les cordes Sx, Sx', Sx'', etc., calculées *a priori*, et ce, lorsque la valeur maximum de ces cordes ne dépasse pas la cote (20 mètres), qui devait être la longueur de sa ficelle.

(1) Voir le tracé des courbes au moyen de la chaîne et du tachéomètre. (*Note du manuel.*)

A ce sujet nous pouvons lui donner, en revanche, quelque chose de plus nouveau, en nous inspirant d'une note inédite, due à l'ingénieur H. Bonnami et ayant pour titre : *Tracé rapide des courbes sur le terrain, au moyen du Tachéomètre, particulièrement applicable dans les régions montagneuses et celles où il existe de nombreuses difficultés de chaînage, telles que murs, haies, carrières, etc.*

Il suffit, pour une courbe de rayon R, d'avoir, dans une 1re colonne, et en grades, les angles δ, $2\,\delta$, $3\,\delta$, etc., et, en face, dans une 2me, les longueurs Sx, Sx', Sx'', ou rayons vecteurs, calculées par les formules $\rho = 2\,R \sin \delta$, $\rho = 2\,R \sin 3\,\delta$, etc.

On ouvre au tachéomètre, installé en S, l'angle azimutal (horizontal autrement dit) TSy ou δ, et le porte-mire se place dans l'alignement résultant Sy (à 10 mètres à peu près de l'instrument, si l'on opère par un angle de départ δ correspondant à des points espacés sur la courbe de 10 en 10 mètres) ; on fait ensuite, sous un angle zénithal (vertical autrement dit) v, une lecture, sur la mire tachéométrique, qui donne le nombre générateur g ; on calcule immédiatement, avec la règle, le produit $\overline{g\,\sin^2 v}$ et l'on doit trouver pour résultat la distance ρ prise dans le tableau en face de l'angle δ ; si l'on trouve $\delta \pm \Delta$, le porte-mire avance sur l'opérateur ou recule de la différence Δ, et sur ses indications, puis on vérifie la nouvelle position de la mire : mêmes manœuvres pour le point de courbe suivant ; on ouvre l'angle TSy' ; le porte-mire se place sur Sy' et à 10 mètres environ du point x précédemment déterminé, à l'œil ou au pas suivant la facilité de circulation ; avec un angle zénithal v' on essaie une lecture qui doit donner $g' \sin^2 v' = \rho'$; si on trouve $\rho' \pm \Delta'$, on fait varier dans un sens ou dans l'autre la position de la mire de la quantité Δ', on vérifie la nouvelle position, etc.

Avec l'appareil de la constante appliqué au Tachéomètre et réglé au $\frac{1}{100}$ on peut aller très vite dans cette opération et sans calculs tachéométriques : un porte-mire exercé se place d'ailleurs, de lui-même, à peu près dans sa position, guidé en cela par l'écart constant qui existe entre les piquets consécutifs du tracé.

En résumé c'est tout simplement l'application de l'effet réversible du tachéomètre ou de la constante : au lieu de déterminer la distance, à l'instrument, d'un point donné sur une direction, on détermine, sur cette direction, la position d'un point de distance connue : de cette façon-là, on est dispensé de tout chaînage, même de celui de la « corde égale », nécessaire avec l'emploi du théodolite ou de tout autre graphomètre.

C'est ainsi un « comble » en fait de tracés de courbes et à la suite duquel les chercheurs de procédés peuvent considérer la question comme suffisamment élucidée.

DÉTERMINATION DES AIRES

PAR PESÉES

On peut avoir quelquefois à calculer avec une certaine exactitude les aires de surface planes à contours très irréguliers : la décomposition de ces surfaces, d'une façon quelconque, en figures inscrites, dont les superficies sont à évaluer séparément et à totaliser ensuite, peut entraîner à des calculs longs et fastidieux, sans parler des erreurs d'appréciation dues à la multiplicité des lignes, à la place qu'elles occupent matériellement sur le dessin et sans compter l'éventualité des erreurs de calcul proprement dites.

L'emploi des figures circonscrites aux surfaces en question, même choisies les plus simples possible, entraîne à peu près les mêmes inconvénients.

Comme, d'autre part, on n'a pas toujours à sa disposition les instruments adaptés à ce mesurage, tels que le planimètre d'Amsler Laffon, on peut recourir à la méthode des pesées, ainsi que nous le rappelle l'ingénieur H. Bonnami, et qu'un entrepreneur d'études, aujourd'hui décédé mais très connu autrefois au P.-L.-M., Perdu aîné, appliquait, paraît-il, dans l'évaluation de surfaces de terrassements.

L'emploi de la méthode suppose la possession d'une balance sensible, comme la balance ordinaire des pharmacies, qui accuse le demi-centigramme, ou encore une balance genre pèse-lettres d'une sensibilité approchante.

Si maintenant on a à déterminer, par exemple, la superficie d'un canton ou d'une commune ou d'un bassin hydrographique, en un mot d'une figure d'un périmètre très irrégulier, on reporte par décalque et avec précision cette figure sur une feuille de papier Bristol homogène, on la découpe ensuite avec soin et on pèse la découpure, soit p' son poids. Supposons que l'échelle de la figure soit un millimètre par mètre, le mètre superficiel sera donc représenté par un millimètre carré : si l'on prend une feuille étalon de $0^m,10$ de côté, elle renfermera 10,000 millimètres carrés et à l'échelle de la figure représentera 10,000 mètres superficiels : soit p le poids de l'étalon en grammes et fraction de gramme, $\frac{p}{10.000}$ sera le poids du mètre superficiel, et par suite, l'aire de la découpure sera $p' : \frac{p}{10.000}$ ou $p' \times \frac{10.000}{p}$, le rapport : $\frac{10.000}{p}$ sera une constante (A) pour toutes les figures à l'échelle de 1 millimètre par mètre.

Pour une échelle donnée, quoique l'on fasse varier le côté de la feuille-étalon, on obtiendra toujours la constante (A), car si le côté, au lieu d'être $0^m,10$, devient $k \times 0^m,10$, la surface deviendra $k^2 \times 10.000$; mais les poids p, augmentant dans le rapport des surfaces, deviendra $k^2 p$ et par suite le rapport de la surface de l'étalon à son poids restera encore égal à (A).

En thèse générale, si l'échelle de la figure est $\frac{1}{m}$, si le côté de la feuille-étalon est (a), le poids de cette feuille étant p et celui de la découpure p', on a pour la superficie de cette dernière

$$S = p' \times \frac{m^2\, a^2}{p}$$

(a) étant exprimé en fraction décimale du mètre, p et p' en grammes et fraction du gramme.

Cette formule se comprend aisément, car la feuille-étalon et la découpure étant prises dans un même papier homogène, U étant l'aire de la feuille-étalon, les aires U et S sont proportionnelles aux poids, donc :

$$\frac{S}{U} = \frac{p'}{p}$$

mais le côté de l'étalon étant (a) en fraction du mètre et l'échelle de la découpure étant $\frac{1}{m}$, à cette échelle, le côté de l'étalon représente $(m\, a)$ mètres linéaires, et sa surface U, en mètres carrés, est par suite $m^2\, a^2$; d'où

$$\frac{S}{m^2\, a^2} = \frac{p'}{p}$$

et

$$S = p' \times \frac{a^2\, m^2}{p}$$

Cette méthode des pesées peut donc rendre quelques services dans le cas de figures irrégulières (1) et d'absence de planimètre, et sa simplicité est telle qu'il est inutile d'insister davantage sur sa manipulation.

(1) Cubature d'un réservoir pour canal, — mouvement des terres, — stabilité des voûtes, etc., etc.

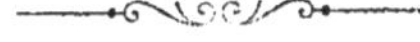

4489. — ABBEVILLE, TYP. ET STÉR. A. RETAUX. — 1887

www.ingramcontent.com/pod-product-compliance
Lightning Source LLC
LaVergne TN
LVHW050503160826
845677LV00003B/910

* 9 7 8 2 3 2 9 6 5 2 9 4 8 *